小神童·科普世界系列

揭秘四大发明

刘宝恒 ◎ 编著

U0350599

浙江摄影出版社
全国百佳图书出版单位

纸张出现之前

小朋友，在纸张被发明之前，古人会在哪里写写画画呢？快来了解一下吧！

在文字出现以前，原始人用木炭在洞穴的墙壁上涂涂画画。

进入新石器时代后，人们发明了陶器，开始在陶器表面刻画图案。

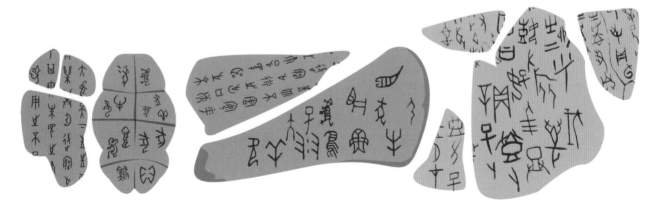

商朝时，中国古人会在龟腹甲和牛肩胛骨上刻字，用来占卜。

　　到了青铜时代，古人开始在青铜器上铸刻文字和花纹。

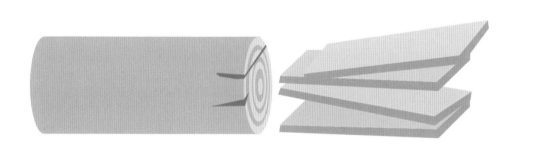

　　秦汉时，人们砍下一块木板，把它的两面细细刮平，在上面写字，做成了木牍。

　　古人把竹子破开，削成一条条长竹片，再用绳子把竹片编在一起，做成了竹简。这也可以成为书写的载体。

造纸术的诞生

造纸术是中国古代的四大发明之一。你知道它是怎么诞生的吗?

在纸出现以前,我国的古人将甲骨、竹简、缣帛等作为书写材料。

 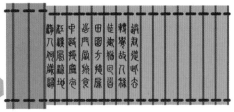 

春秋战国时期出现的缣帛,是用蚕丝制成的,十分名贵,只有贵族用得起。

西汉时,中国就发明了麻纸。但是,因为这种纸张很粗糙,材料来源少,所以没有多少人用。

东汉时期,有个叫蔡伦的人改进了造纸术,让纸张变得轻便又好用。为了纪念蔡伦的功绩,后人把这种纸叫作"蔡侯纸"。

后来，纸进入寻常百姓家，方便了很多人读书写字。

太好了，有了纸，我再也不用背着重重的竹简了！

明代宋应星的《天工开物》，详细记载了关于造纸的技术。

如何制作"蔡侯纸"

公元 105 年，蔡伦发明了"蔡侯纸"。"蔡侯纸"的制作过程，到底是怎样的呢？

第一步——切割
把树皮、破渔网、破布等造纸材料，切割成易于加工的大小。

第二步——洗涤
想办法洗涤并软化切割好的原材料，比如用脚踩。

第三步——浸灰水
将洗涤好的材料浸灰水，使木材纤维分解。

第四步——蒸煮
用石灰蒸煮或草木灰蒸煮的方式，对材料进行反复地蒸煮和漂洗。

第五步——舂捣
把煮烂的原料放入石臼中用力捣成泥状，形成纸浆。

第六步——打槽
把纸浆放入加水的纸槽，以打槽木棒将纸浆打匀，使纸浆均匀地漂浮在纸槽的水中。

第七步——抄纸
用纸模抄纸，并用重物挤压出水分。

第八步——晒纸
利用太阳晒或火烘，把纸晾干。

第九步——揭纸
将干透的纸揭下来，就可以使用了。

造纸术的传播

　　我国是世界上最早发明纸的国家。经过很长时间，我们的造纸术才被传到了五洲四海。

　　在蔡伦纸出现后不久，造纸术风靡全中国。

欧洲（12世纪）

中国（公元前206年）

朝鲜（4世纪）

美洲（16世纪）

阿拉伯国家（8世纪）

日本（7世纪）

非洲（8世纪）

印度（13世纪）

大洋洲（19世纪）

　　世界太大了，一直到19世纪，造纸术才传遍全世界。

　　公元4世纪末，造纸术开始向东传到朝鲜，后传入日本。

　　有一位名叫昙征的朝鲜和尚将造纸术献给了日本的圣德太子，圣德太子很高兴，下令把造纸术推广到全国各地。

造纸术传到了中亚的一些国家，通过贸易又传播到了印度。

大约在公元 8 世纪，造纸术传入了阿拉伯地区。

经过阿拉伯人的传播，欧洲人才了解到了神奇的造纸术。

造纸术让中华文化得以传承，并传播到世界各地。造纸术的发明影响了世界文明的进程，真是太了不起了！

火药的发明

神奇的火药不仅能够制成厉害的炸弹，还能制成美丽的烟花。你知道火药是怎么发明的吗？

在遥远的隋唐时期，火药就诞生啦！

你知道吗，火药的诞生与炼丹术有关。古代的炼丹师为了给皇帝炼制出长生不老的丹药，意外地制造出一种黑色药粉。这种药粉容易着火，被人们称为"火药"。

要想制作厉害的火药，离不开木炭、硝石和硫黄这三种原料。

木炭是古代人常见的燃料，它是在人们烧造陶器的时候被发现的。

木材埋在灰下面
加热炭化

硝石的外形和别的石头没什么区别，却可以被火点燃！

化肥

硫黄除了能够制作火药，还是一味重要的中药。

50%硫黄
悬浮剂

驱蛇粉

驱蛇粉

火药在中国

要说起中国古代的发明创造，少不了火药的身影。在古代中国，火药有着怎样的用途呢？

火药最初使用在宋代的马戏演出中。有了火药，表演者就可以像变魔术一样吐出火焰，令观众惊叹。

聪明的古人，把火药塞进纸筒或竹筒里做成"爆竹"。爆竹燃烧会发出噼里啪啦的声响，人们相信这个声音可以辟邪。每到中国传统节日春节，大人小孩都会燃放爆竹，真是热闹极了！

在古代中国，还有人利用火药发明了世界上最早的火箭呢！

看，这是明朝的火箭，它成了一种军事武器。

火药的传播之旅

和中国的造纸术一样，火药也踏上了传播之旅。它从中国传向世界，经历了怎样的过程呢？

你知道什么是"中国雪"吗？它指的就是阿拉伯人口中的硝。早在公元 8、9 世纪，火药原料之一的硝，就传入了阿拉伯。

中国商人与外国商人友好地交流，让外国商人见识到了火药的厉害！

经过商人们的传播，火药最先来到了临近中国的印度。

13 世纪时，火药经由印度传到了阿拉伯国家。

蒙古帝国西征时，蒙古军队利用火药武器与阿拉伯国家作战。

阿拉伯人在大战中掌握了火药武器的制造方法，并将其运用于与欧洲的战争中。

经过战争，欧洲人也学会了制造火药和火药武器。

渐渐地，强悍的火药武器取代了冷兵器，开启了新的武器时代！

指南针的发明

能够指示方向的指南针也是中国人发明的。让我们来到中国的古代，看看指南针是如何发明的吧！

不同的磁体之间，同性会相斥，异性会相吸。我们的地球，犹如一块大大的磁铁，具有南极和北极。

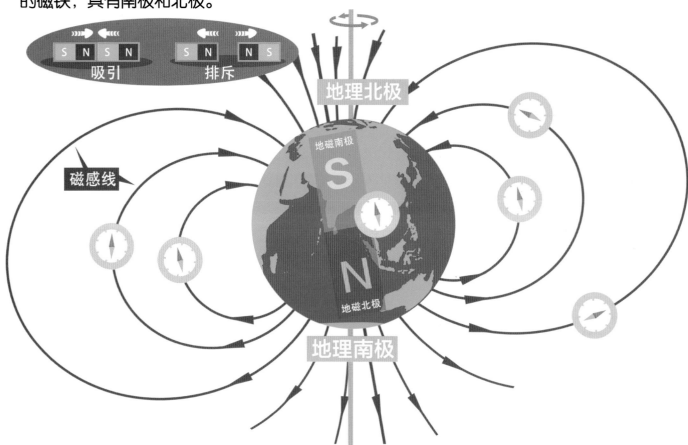

吸引 排斥

地理北极

磁感线

地磁南极 S

N 地磁北极

地理南极

虽然古人并不懂磁体的原理，但他们积累了对磁现象的认识。

地球表面的磁体会因为地球磁场的吸引而指示出南北方向。

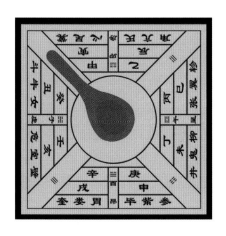

早在战国时期，中国古人就发明了司南。看，这个光滑的盘子上放置了一个勺形的物体。它就是大名鼎鼎的司南。司南是指南针的始祖，它的勺柄总是指向南方。

南宋"张仙人"俑手里捧着的是世界上最早的罗盘造型事物。

在明朝的船上，这个圆圆的水罗盘可以指示南北方向。

指南针的发展

随着时间的推移，指南针也有了改进和发展。现代的指南针是什么样的呢？

军用指南针有荧光点，即使在黑夜也能看清方向。军用指南针有全金属外壳，可以保护表盘。

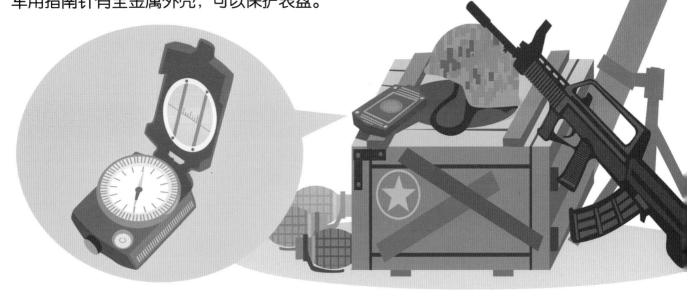

电子罗盘也被称为数字罗盘。和传统指南针相比，电子罗盘具有体积小、重量轻、精度高的优势。

我们的智能手机也有指南针这一功能。校准成功后，我们就能用它来辨别方向啦！

如今，在指示方向的基础上，人们还可以用全球定位系统（GPS）来精准定位。GPS 电子导航仪的发明，正是借鉴了指南针这个"祖先"呢！而且中国还自行研制了全球卫星导航系统——北斗卫星导航系统。

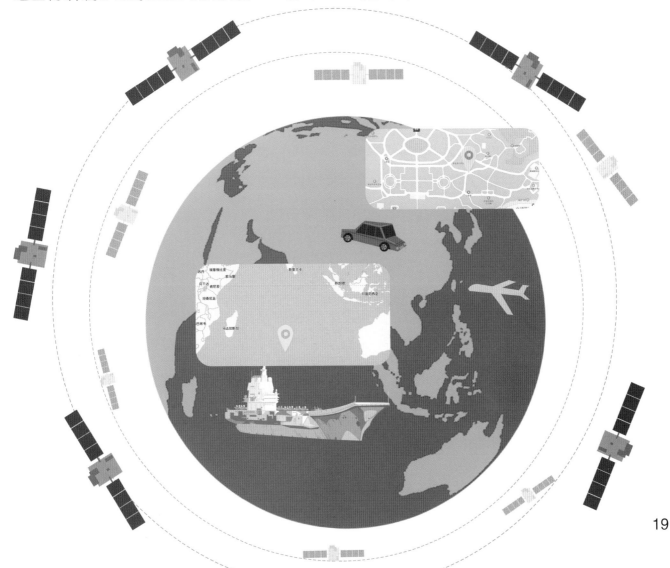

指南针的大作用

　　小小的指南针，拥有大大的作用。从祭祀、礼仪，到军事、航海，指南针一直在发挥着巨大的作用。

　　指南针能够指示南北方向。这样，带着它的人就可以随时分辨出方向啦。

　　别看指南针体积小，它可是航海船队的"大功臣"呢！郑和下西洋时，指南针帮船员们辨明了方向和位置。

指南针为哥伦布远洋航行提供了重要保障。

麦哲伦能够实现环球航行，也有指南针的一份功劳。

麦哲伦环球航行路线

指南针在航海上的应用，对地理大发现和海上贸易有极大的促进作用。
别忘了，指南针的发明，还为现代科学技术提供了基础依据呢！

雕版印刷的时代

小朋友，你听说过雕版印刷吗？中国古人经过长期的实践和研究，发明了雕版印刷术。

汉代以来，在"蔡侯纸"发明之后，人们拥有了轻便的书写材料。可是，书籍的传播需要一字一句抄写，这令人们很苦恼！

唐代的时候，有人发明了雕版印刷术。
什么是雕版印刷呢？我们来看看它的大致步骤吧！

首先，人们在平滑的木板上，贴上抄写好书稿的薄纸。你发现了吗？这些字都变成反的了。

接着，雕刻工人用刻刀削去没有字迹的部分。这样，文字就凸出来了。

给凸起的文字涂上墨汁，再覆盖一层空白的纸，轻轻抚平，字迹就留在纸上啦！

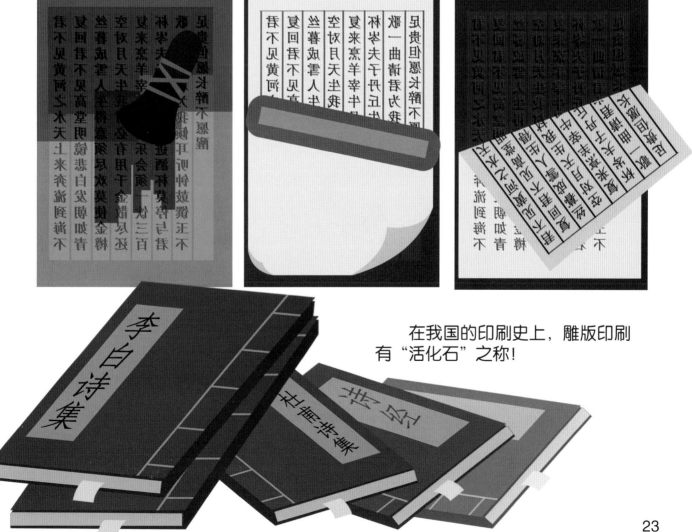

在我国的印刷史上，雕版印刷有"活化石"之称！

活字印刷的发明

很快，古人就发现了雕版印刷的不便之处。刻板的时候费时又费力，万一刻错了也很难更正。这可怎么办呢？

宋朝时期，从事雕版印刷的工匠毕昇，也常常因为雕版印刷的不便而苦恼。传说，他从儿子过家家的游戏中，得到了灵感，发明了活字印刷术！

有一次，毕昇的两个儿子用泥巴做出桌子、椅子、碗等，在地上摆来摆去。毕昇心想：排版时，我也可以采用这个思路，用单字的印章来随意排列呀！

于是，毕昇用胶泥做毛坯，并刻上凸起的字，用火烧硬，变成泥活字。他按照书稿，将一个个泥活字依次排列，轻轻松松排好版。印刷之后，泥活字还可以拆下来，供下次使用呢！

活字印刷术大大提高了印刷的效率，省时又省力，真是太棒了！

日照香炉生紫烟
遥看瀑布挂前川
飞流直下三千尺
疑是银河落九天

活字印刷的流程

活字印刷术是我国古代"四大发明"之一。它的印刷流程是怎样的呢？

用合适的胶泥，做成一个个大小相同的字坯。

在字坯上刻上反写的文字。注意，一个字坯上只刻一个字。

将字坯送去烧制，硬邦邦的胶泥活字便诞生啦！

看，一个个的胶泥活字像不像印章呀？

把胶泥活字按韵分类，放置在不同的木格子里，方便寻找。

再按书稿的文字顺序，把胶泥活字一个个放进去。

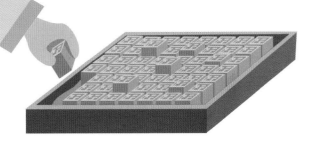

排版时，先在带框的铁板上敷一层由松脂、蜡和纸灰混合而成的药剂。

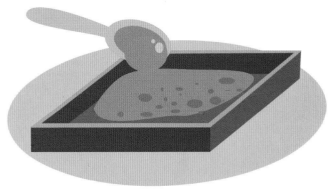

排好后用火烘烤，在药剂融化时压平活字，形成固定又平整的版型。

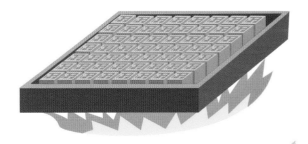

在版型上涂墨，覆盖上一层纸，就可以印刷啦！

印好之后，再用火烘烤药剂，让其融化。用手抖一抖，一个个胶泥活字就会脱落下来。

"四大发明"真了不起！

责任编辑　唐念慈
责任校对　朱晓波
责任印制　汪立峰

项目策划　北视国
装帧设计　北视国

图书在版编目（ＣＩＰ）数据

揭秘四大发明 / 刘宝恒编著．-- 杭州 ：浙江摄影
出版社，2022.2
　（小神童·科普世界系列）
　ISBN 978-7-5514-3757-8

　Ⅰ．①揭… Ⅱ．①刘… Ⅲ．①技术史－中国－古代－
儿童读物 Ⅳ．① N092-49

中国版本图书馆 CIP 数据核字 (2022) 第 003376 号

JIEMI SIDAFAMING
揭秘四大发明

（小神童·科普世界系列）

刘宝恒　编著

全国百佳图书出版单位
浙江摄影出版社出版发行
　　地址：杭州市体育场路 347 号
　　邮编：310006
　　电话：0571-85151082
　　网址：www.photo.zjcb.com
制版：北京北视国文化传媒有限公司
印刷：唐山富达印务有限公司
开本：889mm×1194mm　1/16
印张：2
2022 年 2 月第 1 版　　2022 年 2 月第 1 次印刷
ISBN 978-7-5514-3757-8
定价：39.80 元